BEI GRIN MACHT SICH IHR WISSEN BEZAHLT

- Wir veröffentlichen Ihre Hausarbeit,
  Bachelor- und Masterarbeit

- Ihr eigenes eBook und Buch -
  weltweit in allen wichtigen Shops

- Verdienen Sie an jedem Verkauf

Jetzt bei www.GRIN.com hochladen
und kostenlos publizieren

Julian Herfurth

Aus der Reihe: e-fellows.net stipendiaten-wissen

e-fellows.net (Hrsg.)

Band 747

Die physikalischen Eigenschaften der Schwarzen Löcher

GRIN Verlag

Bibliografische Information der Deutschen Nationalbibliothek:

Die Deutsche Bibliothek verzeichnet diese Publikation in der Deutschen National-
bibliografie; detaillierte bibliografische Daten sind im Internet über http://dnb.d-
nb.de/ abrufbar.

Impressum:

Copyright © 2012 GRIN Verlag GmbH
Druck und Bindung: Books on Demand GmbH, Norderstedt Germany
ISBN: 978-3-656-46872-1

Dieses Buch bei GRIN:

http://www.grin.com/de/e-book/230397/die-physikalischen-eigenschaften-der-
schwarzen-loecher

Inhaltsverzeichnis

1. Großes mediales Interesse am Thema

„Astronomen entdecken Schwarze Löcher in Kugelsternhaufen" (Mainpost 2012), so lautet der Titel eines Artikels, der am 04.10.2012 in der Online-Ausgabe der Regionalzeitung *Main-Post* zu lesen gewesen ist. Dieser Artikel ist keine Ausnahme, denn auch die Online-Redakteure renommierter, auflagenstarker Zeitungen wie beispielsweise der *Zeit* oder der *Welt* publizieren häufig Artikel über die neuesten Erkenntnisse oder Beobachtungen über Schwarze Löcher. Kaum ein anderer Himmelskörper hat eine - im wahrsten Sinne des Wortes - so große Anziehungskraft auf die Menschen wie ein Schwarzes Loch. Dieses Phänomen zeigt, dass dieser doch sehr geheimnisvolle und vermeintlich dunkle Themenbereich der Astrophysik keinesfalls nur für Physiker oder Science-Fiction-Liebhaber, sondern eben auch für die breite Masse der Leser interessant ist. Doch aus welchen Gründen erfreuen sich Schwarze Löcher einer derart großen Beliebtheit? Das liegt zum einen an der Ergiebigkeit dieses physikalischen Bereichs. So kommen Forscher fast monatlich zu neuen Erkenntnissen über Schwarze Löcher, was erst aufgrund der immer besser werdenden Teleskope und Beobachtungsmethoden möglich ist. Zum anderen liegt das mediale Interesse aber auch in der Vorstellung der Menschen begründet, nach der Schwarze Löcher geheimnisvoll und schwer zu verstehen sind und gerade das wirkt faszinierend. Doch dabei sind diese angeblich geheimnisvollen Objekte gar nicht so kompliziert und bizarr, wie die meisten denken. In dieser Arbeit möchte ich die wichtigsten Fakten und Grundlagen zu diesem Thema herausarbeiten:
Nach einem kurzen Überblick über die Forschungsgeschichte zu Schwarzen Löchern werden die wichtigsten physikalischen Eigenschaften wie Ereignishorizont, Fluchtgeschwindigkeit und Singularität erklärt. Darauf folgt ein Einblick in die Entstehung aus massereichen Sternen und die Kategorisierung in verschiedene Arten von Schwarzen Löchern. Anschließend stehen die Beobachtungsmethode und die aktuelle Forschung am Beispiel von dem Schwarzen Loch in unserer Milchstraße im Mittelpunkt.

2. Forschungsgeschichte der Schwarzen Löcher

Die Forschungsgeschichte in diesem Bereich der Astrophysik wurde maßgeblich von angloamerikanischen Wissenschaftlern geprägt.

1783 veröffentlicht John Mitchell einen Artikel an der *Londoner Royal Society* in dem er zu dem Ergebnis kommt, dass es Sterne geben könnte, die ein ausreichend starkes Gravitationsfeld haben, dem das Licht nicht entfliehen kann. Diese Objekte können wir nicht sehen, da ihr ausgestrahltes Licht aufgrund ihrer hohen Gravitation nie zu uns durchdringen kann.

1915 veröffentlicht der deutsche Forscher Albert Einstein seine Allgemeine Relativitätstheorie. Mithilfe von Einsteins Veröffentlichungen gelingt es Schwarzschild nun ein Schwarzes Loch genauer zu beschreiben.

> „Die erste exakte Lösung der Gleichungen der allgemeinen Relativitätstheorie gelang dem deutschen Astronomen Karl Schwarzschild. [...] Die Schwarzschildlösung, wie man sie heute nennt, beschreibt die Auswirkungen eines Gravitationsfelds auf Raum und Zeit in der Umgebung einer beliebigen kugelförmigen Massenkonzentration. Erst später bemerkt man, dass Schwarzschilds Ergebnisse die Beschreibung eines Schwarzen Loches enthielten." (Al-Khalili 2004, 125)

Der indische Student Subrahmanyan Chandrasekhar reist 1928 nach England um dort zu studieren. Auf seiner Reise stellt er fest, dass es eine Massengrenze gibt, ab der die Gravitation überwiegt und der Stern zu einem sehr kompakten Objekt wird. Heute bezeichnen wir diese je nach Masse und Durchmesser als Neutronensterne oder Schwarze Löcher. Der von Chandrasekhar errechnete Wert für die nach ihm benannte Grenze liegt bei dem 1,46-fachen der Sonnenmasse. (vgl. Hawking 1988, 107ff.) (Siehe Kapitel „Entstehung Schwarzer Löcher").

Zur Zeit des Zweiten Weltkrieges stellt der Amerikaner Robert Oppenheimer, der auch an der Entwicklung der Atombombe beteiligt ist, fest, dass es einen Ereignishorizont um Schwarze Löcher geben muss. (vgl. Hawking 1988, 112 f.) (Siehe Kapitel „Physikalische Eigenschaften"). Ab diesem Zeitpunkt gehen die Wissenschaftler also davon aus, dass Schwarze Löcher aus Sternen entstehen und so kompakt sind, sodass nicht einmal Licht entkommen kann. Diese Objekte werden jedoch durch einen Ereignishorizont von der Außenwelt abgeschirmt.

1967 beweist der kanadische Wissenschaftler Werner Israel, dass Schwarze Löcher sehr einfach sind, nur von ihrer Masse abhängen und durch die bereits vorher erwähnte Schwarzschildlösung beschrieben werden können. Doch Israels Beweis trifft nur auf Schwarze Löcher zu, die aus nichtrotierenden Körpern entstehen. Für die rotierenden Schwarzen Löcher findet der neuseeländische Mathematiker Roy Kerr bereits im Jahre 1963 Lösungen der Allgemeinen Relativitätstheorie. Diese Art von Schwarzen Löchern rotieren mit einer gleichbleibenden Geschwindigkeit und hängen nur von ihrer Masse und Rotationsgeschwindigkeit ab. Ein paar Jahre später, im Jahr 1973, gelang David Robinson der Beweis: Jeder zu einem Schwarzen Loch kollabierende Körper endet schließlich in einem rotierenden *Kerrschen* Schwarzen Loch, dessen Größe und Gestalt nur von seiner Masse und Rotationsgeschwindigkeit abhängen und nicht etwa von der Beschaffenheit des zusammengestürzten Objektes. Diese Ergebnisse werden auch unter der Maxime: *Ein Schwarzes Loch hat keine Haare* bekannt. Da Schwarze Löcher *keine Haare haben*, kann es nur wenige unterschiedliche Arten geben, die man unterscheiden kann, aufgrund der fehlenden Haare fehlt ihnen auch die Individualität. (vgl. Hawking 1988, 119ff.)

Schließlich entdeckt Stephen Hawking 1974 die heute sogenannte *Hawking-Strahlung*. Dieses Strahlung besteht aus Teilchen, die an einem Schwarzen Loch entstehen und dieses verlassen können.

Gegen Ende des 20. Jahrhunderts nehmen die Beobachtungen von Schwarzen Löchern durch Astrophysiker zu. (vgl. Müller 27.10.2012) Dies liegt an der raschen Entwicklung immer besserer Beobachtungsmöglichkeiten wie beispielsweise (Weltraum-)Teleskopen oder Satelliten.

Zu Beginn des 21. Jahrhunderts kommen Forscher um Reinhard Genzel zu dem Schluss, dass sich in der Mitte der Milchstraße ein massereiches Schwarzes Loch befindet. (vgl. Mokler 2012) (Siehe Kapitel „Sagittarius A*")

Aus diesen einzelnen Erkenntnissen ergeben sich zunächst folgende allgemeine Kennzeichen von Schwarzen Löchern:

• Sie sind Überbleibsel massereicher Sterne.

• Sie haben eine sehr hohe Gravitation und hängen nur von ihrer Masse und Rotation ab.

• Sie werden durch einen Ereignishorizont abgeschirmt.

Das nächste Kapitel vertieft diese Eigenschaften aus physikalischer Perspektive.

3. Physikalische Eigenschaften

3.1 Fluchtgeschwindigkeit

Um dem Gravitationsfeld eines Körpers zu entkommen benötigt man eine gewisse Geschwindigkeit, die auch Fluchtgeschwindigkeit genannt wird, und sich mit der Formel: $v = \sqrt{2g \cdot r}$ berechnen lässt, wobei g die Fallbeschleunigung auf der Oberfläche des Planeten und r sein Radius ist. Will man also wissen, welche Geschwindigkeit eine Rakete braucht, um dem Gravitationsfeld der Erde zu entkommen, muss man nur die zweifache Fallbeschleunigung der Erde (9,81 m/s^2) mit deren Radius (6378 km) multiplizieren und daraus die Wurzel ziehen. So ergibt sich, dass die Fluchtgeschwindigkeit auf der Erde ca. 40300 km/h beträgt. Je massereicher die Objekte sind, von denen man fliehen will, desto größer wird auch die benötigte Geschwindigkeit. Bei der Sonne ist die Fluchtgeschwindigkeit schon 100 mal höher als bei der Erde. (vgl. Begelman, Rees 1997, 2) Da bei Schwarzen Löchern die Gravitation und damit auch die Fallbeschleunigung unendlich groß sind, würde man zum Entkommen eine Geschwindigkeit benötigen, die viel größer als die des Lichtes ist. Das Problem dabei ist: Nichts kann sich schneller als das Licht bewegen, deswegen gibt es kein Entkommen von Schwarzen Löchern. Die Grenze, ab der die Gravitation eines Schwarzen Loches und die damit verbundene Fluchtgeschwindigkeit unendlich werden, nennt man Ereignishorizont, der im folgenden Unterkapitel genauer betrachtet wird.

3.2 Ereignishorizont

Das Hauptmerkmal jedes Horizontes ist die Trennung von Sichtbarem und nicht Sichtbarem. Diese Eigenschaft lässt sich auch bei unserem Horizont feststellen:

> „Unser Horizont ist die gedachte Linie, bis zu der unser Blick maximal reicht und wo Erde und Himmel sich zu berühren scheinen. Wir wissen, wie diese Grenze zustande kommt: Weil die Erde gekrümmt ist, Licht sich aber nahe der Erdoberfläche mehr oder weniger geradlinig fortbewegt, können wir über diese Grenze nicht hinaus sehen." (Al-Khalili 2004, 128)

Der Ereignishorizont stellt eine Grenze dar, ab der die Gravitation des Schwarzen Loches unendlich ist. Vor dem Horizont könnte man der Gravitation noch entkommen, doch ab dem Ereignishorizont gibt es kein Entrinnen mehr. (Siehe Unterkapitel „Fluchtgeschwindigkeit") In seinem Buch *Eine kurze Geschichte der Zeit* veranschaulicht Stephen Hawking dieses Phänomen folgendermaßen:

> „Der Ereignishorizont, die Grenze jener Region der Raumzeit, aus der kein Entkommen möglich ist, wirkt wie eine nur in eine Richtung durchlässige Membran, die rund um das Schwarze Loch gespannt ist. Objekte, wie etwa unvorsichtige Astronauten, können durch den Ereignishorizont in das schwarze Loch fallen, aber nichts kann jemals durch den Ereignishorizont aus dem Schwarzen Loch hinaus gelangen. [...] Alle Dinge und Menschen, die durch den Ereignishorizont fallen, werden bald die Region unendlicher Dichte und das Ende der Zeit erreicht haben."
> (Hawking 1988, 117f.)

3.3 Singularität

Hat man also den Ereignishorizont überquert, gibt es kein Zurück mehr und man wird immer weiter zur Singularität des Schwarzen Loches gezogen. Doch was ist die Singularität eigentlich?

In der Singularität eines Schwarzen Loches ist seine gesamte Masse in einem winzigen kleinen Punkt vertreten, die Dichte ist unendlich groß. Die Dichte lässt sich ganz einfach berechnen: $Dichte = \frac{Masse}{Volumen}$. Da das Volumen im Fall eines Schwarzen Loches ziemlich klein, sogar viel kleiner als das Volumen eines Atoms, ist, geht die Dichte gegen unendlich. Zudem ist die Singularität ein zutiefst seltsames und außergewöhnliches Phänomen in der Physik. Dort kann man nämlich sämtliche physikalischen Gesetzmäßigkeiten nicht mehr anwenden. Deshalb sind die Physiker auch so erleichtert, dass es noch einen Ereignishorizont um das Schwarze Loch gibt, der es nach außen hin abschirmt. Gäbe es diese Grenze nicht, hätte das wahrscheinlich auch Auswirkungen auf die Physik, so wie wir sie heute kennen. (vgl. Al-Khalili 2004, 128ff.)

4. Entstehung der Schwarzen Löcher

4.1 Hydrostatisches Gleichgewicht und Gravitationskollaps

„Schwarze Löcher sind die Überbleibsel massereicher Sterne." (Müller 2010, 23). Doch was muss passieren, dass riesengroße Sterne zu ultrakompakten und - im Vergleich zu den Sternen - sehr kleinen Objekten werden?

Sterne, darunter auch unsere Sonne, senden Licht in Form von elektromagnetischen Wellen aus. Die Energie dafür erhalten sie durch Kernfusion, die aufgrund der hohen Temperatur im Inneren eines Sternes ablaufen kann. Bei dieser Kernreaktion verschmelzen zwei Atomkerne miteinander. Auf diese Weise entsteht das ausgesendete Licht. Auf den Stern wirkt einerseits der Gravitationsdruck, der versucht den Stern zu verkleinern. Diesem Druck wirken der Zentrifugaldruck (durch die Rotation des Sterns), der Gasdruck (durch das heiße

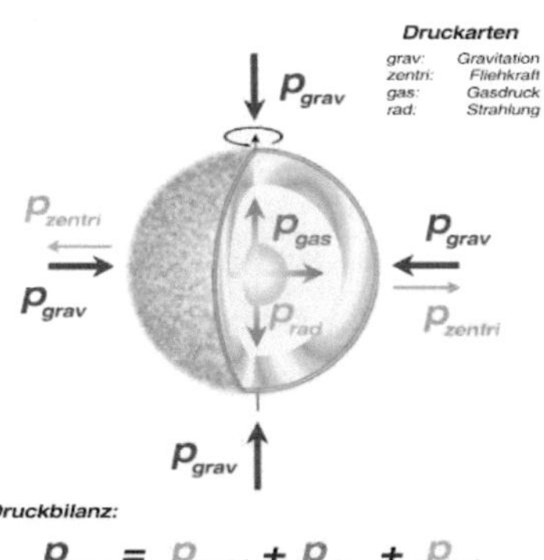

Druckbilanz:

$$P_{grav} = P_{zentri} + P_{gas} + P_{rad}$$

Stern im hydrostatischen Gleichgewicht: Zentrifugal-, Gas- und Strahlungsdruck sind genauso groß wie der Gravitationsdruck (Müller 03.08.2012).

Gas im Inneren) und der Strahlungsdruck, der durch die Kernfusion frei wird, entgegen. Deshalb strebt der Stern den Zustand an, bei dem sich alle Drücke (Kraft pro Fläche), die auf ihn wirken, im Gleichgewicht befinden. Dieser Zustand wird hydrostatisches Gleichgewicht genannt und ist in der oberen Grafik dargestellt. (vgl. Müller 2010, 23ff.)

Der Stern kann diesen Zustand jedoch nur beibehalten, wenn alle Drücke konstant bleiben. Für die Aufrechterhaltung des Strahlungsdrucks benötigt der Stern die aus der Kernfusion gewonnene Energie. Problematisch dabei ist aber, dass bei der Fusion immer schwerere Elemente entstehen, bis zum Schluss nur noch Eisen übrig ist. Da das Fusionieren größerer Elemente als Eisen keine Energie mehr einbringt, fällt der Strahlungsdruck ab, wodurch auch der Gasdruck sinkt, da man Photonen benötigt, um das Gas aufzuheizen. Folglich gerät der Stern aus dem Gleichgewicht. Dies hat zur Folge, dass die Gravitation nun dominiert und der Stern in einem Gravitationskollaps in sich zusammen fällt. (vgl. Müller 2010, 26)

4.2 Chandrasekhar-Grenze

Was nun aus dem kollabierenden Stern wird, hängt von seiner Masse ab. Beträgt die Masse des Sternes nur bis zu dem 1,46-fachen der Sonnenmasse, die sogenannte Chandrasekhar-Grenze, wird aus ihm ein Weißer Zwerg, ein heißes Objekt mit dem Durchmesser der Erde, das langsam abkühlt. Auch unsere Sonne wird so ihr Ende nehmen. Wiegt der Stern aber über dem 1,46-fachen bis zu dem dreifachen der Sonnenmasse, wird aus ihm ein Neutronenstern, der ungefähr so viel wie die Sonne wiegt, aber nur 20 km breit ist.

Ab der dreifachen Sonnenmasse, das heißt ab etwa $5{,}967*10^{30}$ kg, werden aus kollabierenden Sternen stellare Schwarze Löcher, die bei einem sehr geringen Durchmesser schon das drei- bis 15-fache Gewicht der Sonne vereinen. (vgl. Begelman, Rees 1997, 26-52)

In der folgenden Grafik werde die verschiedenen Überbleibsel der Sterne und die dazu notwendigen Massen dargestellt.

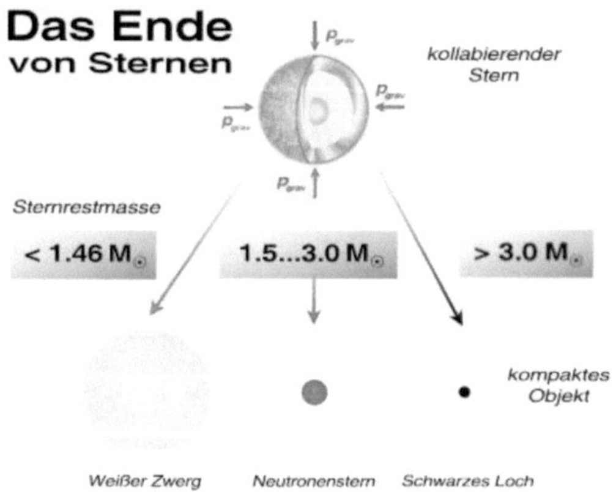

Je nach Masse des kollabierenden Sternes können verschiedene Endstadien beobachtet werden:
Bis zu einer Masse vom 1,46-fachen der Sonne: Weißer Zwerg
Zwischen der 1,46- und dreifachen Sonnenmasse: Neutronenstern
Ab der dreifachen Masse der Sonne: Schwarzes Loch
(Müller 04.08.2012)

5. Kategorisierung nach Masse und Entstehungsweise

Schwarze Löcher lassen sich je nach ihrer Größe in drei Größenklassen unterteilen: Stellare Schwarze Löcher, mittelgroße Schwarze Löcher und supermassereiche Schwarze Löcher. (vgl. Vaas 2011, 163) Diese werden in den folgenden Abschnitten charakterisiert.

5.1 Stellare Schwarze Löcher

„Die sogenannten stellaren Schwarzen Löcher [...] sind nur wenige Kilometer groß und vereinigen doch die Masse von drei bis etwa 15 Sonnen in sich." (Vaas 2011, 161) Sie entstehen durch „den Gravitationskollaps massereicher Sterne" (Vaas 2011, 162) und sind überall in Galaxien zu finden. Schlucken diese stellaren Schwarzen Löcher viel Materie wie beispielsweise Staub, Gas und Sterne, können sie zu mittelgroßen oder sogar supermassereichen Schwarzen Löchern wachsen.

5.2 Mittelgroße Schwarze Löcher

Mittelgroße Schwarze Löcher entstehen aus stellaren Schwarzen Löchern und haben die Masse von 100 bis eine Millionen Sonnen bei einem Radius von 300 bis drei Millionen Kilometern. Finden kann man diese hauptsächlich in Sternhaufen oder Zwerggalaxien. (vgl. Vaas 2011, 163)

5.3 Supermassereiche Schwarze Löcher

Supermassereiche Schwarze Löcher „stecken im Zentrum fast jeder Galaxie und besitzen einige Millionen bis über zehn Milliarden Sonnenmassen." (Vaas 2011, 162) Auch in unserer Heimatgalaxie, der Milchstraße, befindet sich ein supermassereiches Schwarzes Loch mit der Masse von vier Millionen Sonnen (vgl. Müller 2010, 71f.), welches in der Abbildung mit dem Pfeil markiert ist.

Das Zentrum der Milchstraße im Röntgenbereich von Chandra aufgenommen. Im hellsten Bereich (Pfeil) erwartet man das Schwarze Loch. (Chandra 2012)

6. Beobachtung von Schwarzen Löchern

6.1 Grundlagen der Beobachtung

Natürlich wollen die Astrophysiker diese bis hierhin sehr theoretisch behandelten Objekte auch beobachten können um beispielsweise überprüfen zu können, ob ihre errechneten Vorhersagen auch zutreffen oder um neue Erkenntnisse zu gewinnen. Dieses Kapitel beschäftigt sich mit der Frage, wie man eigentlich unsichtbare Himmelskörper nachweist.

Der einfachste Nachweis Schwarzer Löcher ist eine kinematische Methode, dargestellt in Stephen Hawkings Bestseller *Eine kurze Geschichte der Zeit: Die Suche nach der Urkraft des Universums* (vgl. Hawking 1988, 123f.), bei der man sich die Gravitation der Schwarzen Löcher zu Nutze macht:

Im Weltall gibt es zahlreiche so genannte Doppelsternsysteme, bei denen ein Stern um einen anderen kreist und beide sich aufgrund ihrer Schwerkraft beeinflussen. Doch man kennt auch Systeme, in denen ein sichtbarer Stern um einen unsichtbaren kreist, was ein Indiz dafür ist, dass der unsichtbare Stern ein Schwarzes Loch ist. Doch mit Gewissheit kann man dies noch nicht behaupten, da der augenscheinlich unsichtbare Begleiter einfach nur ein Stern mit sehr geringer Leuchtkraft sein könnte, dessen Licht man nicht wahrnehmen kann. Sendet der unsichtbare Stern von dem System noch Röntgenstrahlen aus, steigt die Wahrscheinlichkeit, dass dieser ein Schwarzes Loch ist. Die gerade erwähnte Röntgenstrahlung entsteht durch die Anziehung von Materie des sichtbaren Sterns aufgrund der hohen Gravitation des Begleiters. Die Materie fällt im Folgenden spiralförmig auf das nachzuweisende Schwarze Loch zu, die spiralförmige Materie um das Schwarze Loch wird auch Akkretionsscheibe

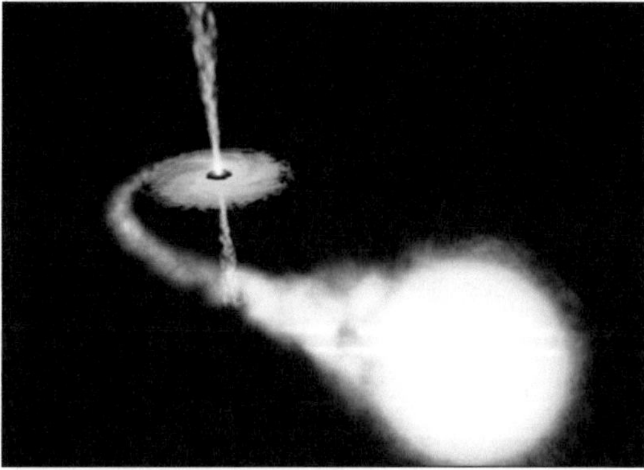

Künstlerische Darstellung einer Akkretionsscheibe in einem Doppelsternsystem: Der rechte, gelbe Körper stellt den sichtbaren Begleitstern dar, die blaue Scheibe ist die Akkretionsscheibe um das Schwarze Loch in ihrer Mitte. (Wikimedia Commons 2012)

genannt, und erhitzt sich dabei so stark, dass sie Röntgenstrahlung aussendet. In der Grafik auf der vorhergehenden Seite ist eine Akkretionsscheibe, wie sie bei einem Doppelsternsystem vorkommen könnte, dargestellt. Dieser Effekt kann nur auftreten, wenn das unsichtbare Objekt klein genug ist wie etwa ein Weißer Zwerg (siehe Kapitel „Chandrasekhar-Grenze"), Neutronenstern oder eben ein Schwarzes Loch. Jetzt analysiert man noch die Bahn des sichtbaren Sterns um mithilfe des dritten Keplerschen Gesetzes die kleinste mögliche Masse des unsichtbaren Objekts auszurechnen. Vergleicht man diese mit der Chandrasekhar-Grenze, kann man mit ziemlicher Gewissheit entscheiden, ob der unsichtbare Partner im Doppelsternsystem ein Schwarzes Loch ist. (vgl. Hawking 1988, 123f.) Diese Kombination von verschiedenen Beobachtungen und Analysen ist eine der Meisterleistungen der Astrophysiker.

Diese Methode funktioniert aber nicht nur bei Doppelsternsystemen, sondern auch bei Schwarzen Löchern, die keinen festen Begleiter haben. Um solche Schwarze Löcher zu lokalisieren, muss man sich die Bahnbewegungen vieler Sterne anschauen und kann dann aufgrund dieser Bahnen und der oben erwähnten Röntgenstrahlung auf ein Schwarzes Loch schließen. (vgl. Mokler 2012)

6.2 Sagittarius A*

„Am 15. Mai erhält Reinhard Genzel gemeinsam mit seiner amerikanischen Kollegin Andrea Ghez den Crafoord-Preis. Damit würdigt die Königlich Schwedische Akademie der Wissenschaften die beiden Wissenschaftler 'für ihre Beobachtungen der Sterne, die das galaktische Zentrum umkreisen und damit auf ein extrem massereiches Schwarzes Loch hinweisen' " (Mokler 2012)

Dies ist der Beginn eines Artikels in der Zeitschrift *Sterne und Weltraum,* auf den ein Interview mit dem Preisträger Reinhard Genzel folgt, in dem er sein Forschungsgebiet und seine Beobachtungen schildert. Die Vergabe dieses Preises veranschaulicht die Aktualität des Themas.

Seit 1980 beschäftigt sich Reinhard Genzel mit dem Zentrum der Milchstraße, da zu diesem Zeitpunkt sein Mentor Charlie Townes an der University of California in Berkeley eine neue Methode entwickelt hat, durch die man zu dem Schluss gekommen ist, dass es im Zentrum eine konzentrierte Masse geben

muss. Durch immer höher auflösende Teleskope kann Reinhard Genzel mit seiner Forschungsgruppe über viele Jahre hinweg die Bewegungen der Sterne im
Zentrum unserer Galaxie, der Milchstraße, beobachten. Durch die daraus ge-
wonnenen Umlaufbahnen der Sterne um die beobachtete Region kann das
Team schlussfolgern, dass im Zentrum der Milchstraße eine Punktmasse exis-
tieren muss und diese die gleiche Lage wie die Radioquelle Sagittarius A* hat.
(vgl. Mokler 2012) Genzels Beobachtungen weisen also darauf hin, dass
Sagittarius A* ein Schwarzes Loch ist, das sich im Zentrum unserer Galaxie, als
hellster Punkt in der Grafik dargestellt, befindet.

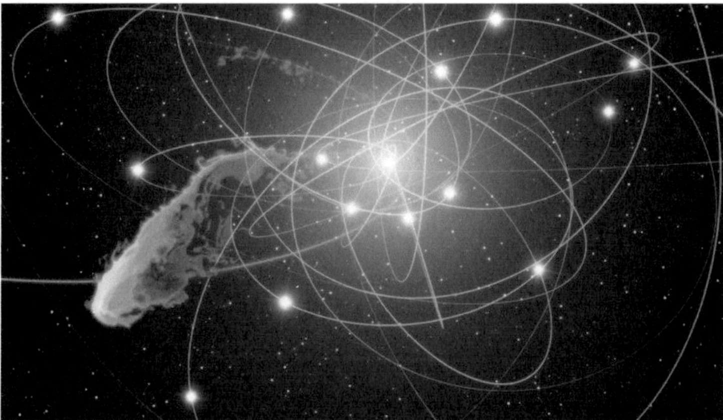

Umlaufbahnen der Sterne um Sagittarius A* (eine Quelle von Radiowellen im Zentrum
unserer Milchstraße):
Die blauen Linien sollen die Umlaufbahnen darstellen.
Das Schwarze Loch befindet sich in der Mitte der Grafik im hellsten Punkt.
(Schartmann 2012)

7. Faszination für Schwarze Löcher im Film

Zum Schluss lässt sich das angebliche Mysterium *Schwarze Löcher* folgendermaßen zusammenfassen:

Schwarze Löcher sind sehr kompakte Reste von massereichen Sternen, deren Gravitation aufgrund ihrer Dichte so hoch ist, dass das Licht ihnen ab einem bestimmten Radius nicht entkommen kann, wodurch man sie mit normalen Teleskopen im sichtbaren Bereich nicht sehen kann. Diese Objekte befinden sich in den meisten Galaxien, auch in unserer Milchstraße. Schwarze Löcher entstehen durch den Gravitationskollaps von massereichen Sternen und können verschiedenen Größenklassen zugeordnet werden. Zu ihrer Beobachtung macht man sich ihre gravitativen Auswirkungen auf benachbarte Himmelskörper oder die Strahlung, die Schwarze Löcher aussenden, zunutze.

Über den astrophysikalischen Ansatz hinaus üben Schwarze Löcher auch eine Faszination auf die Kunst wie zum Beispiel die Filmbranche aus: 1979 erschien ein Film unter der Regie von Gary Nelson mit dem deutschen Titel *Das schwarze Loch* (vgl. Filmlexikon 2012), damals der teuerste Film der *Walt-Disney-Studios*, wovon gerade ein Remake unter der Führung von Joseph Kosinski, Direktor der Fortsetzung von *Tron* mit dem Titel *Tron: Legacy*, geplant ist. (vgl. Ditzian 2010) Aus diesem Beispiel kann man schließen, dass dieser Themenbereich der Astrophysik wohl noch über viele Jahrzehnte hinweg spannenden, mitreißenden Stoff für Science-Fiction Filme liefern wird.

8. Literaturverzeichnis

Al-Khalili, Jim (2004): Schwarze Löcher, Wurmlöcher und Zeitmaschinen. 1.Aufl. München, Heidelberg.

Begelman, Mitchell / Rees, Martin (1997): Schwarze Löcher im Kosmos: Die magische Anziehungskraft der Gravitation. 1.Aufl. Heidelberg, Berlin, Oxford.

Chandra: The Milky Way's Black Hole.
In: http://www.universetoday.com/23152/the-milky-ways-black-hole/. 03.08.2012.

Ditzian, Eric (2010): Exklusive: Joseph Kosinski's 'Black Hole' To Begin Script Work Soon, Will Preserve Maximilian, Cygnus And More. In: http://moviesblog.mtv.com/ 2010/02/09/exclusive-joseph-kosinskis-black-hole-to-begin-script-work-soon-will-pres erve-maximilian-cygnus-and-more/. 03.11.2012.

Filmlexikon: Das schwarze Loch. In:http://www.kabeleins.de/filmlexikon/yy/filmnr/ 15635. 03.11.2012.

Hawking, Stephen W. (1988): Eine kurze Geschichte der Zeit: Die Suche nach der Urkraft des Universums. 1.Aufl. Reinbek bei Hamburg, 107-147.

Main-Post: Astronomen entdecken Schwarze Löcher in Kugelsternhaufen.
In: http://www.mainpost.de/ueberregional/wissenschaft/Astronomen-entdecken-Schwarze-Loecher-in-Kugelsternhaufen;art105,7058150. 12.10.2012.

Mokler, Felicias (2012): Im Herzen der Milchstraße. In: Sterne und Weltraum Juni 2012, 32.

Müller, Andreas (2010): Schwarze Löcher: Die dunklen Fallen der Raumzeit. 1. Aufl. Heidelberg.

Müller, Andreas: Astro Wissen - Astro-Lexikon H6.
In: http://www.wissenschaft-online.de/astrowissen/lexdt_h06.html. 03.08.2012.

Müller, Andreas: Astro Wissen - Astro-Lexikon G3.
In: http://www.wissenschaft-online.de/astrowissen/lexdt_g03.html#grav. 04.08.2012.

Müller, Andreas: Schwarze Löcher- Das dunkelste Geheimnis der Gravitation.
In: http://www.wissenschaft-online.de/astrowissen/astro_sl_hist.html#hist. 27.10.2012.

Schartmann, Marc: Auf dem Weg in den Schwerkraftschlund.
In: http://www.mpe.mpg.de/452761/news_publication_4693588. 24.08.2012.

Vaas, Rüdiger (2011): Hawkings Kosmos einfach erklärt. 1. Aufl. Stuttgart.

Wikipedia Commons: File:Cygnus X-1 (HDE 226868) system (artist's conception).jpg. In: http://commons.wikimedia.org/wiki/File:Cygnus_X-1_ (HDE_226868)_system_(artist%27s_conception).jpg?uselang=de. 16.08.2012.